幸せを引き寄せる食と農

一本のニンジンが人生を変える

~神谷成章の世界~

大下伸悦

まえがき

食が病をつくり食が人生をつくる。

健全な野菜やコメを栽培し続ける農業者と交わり、相互にウィンウィンの関係を築いていこう。そう思って活動を始めてから、もう何年になるのだろう。

一本のニンジンで人生が変わることがある。

こんなことをいうと、「何を大げさな」と言われてしまうのかもしれないが、私自身がその当事者である。


友人が「信じられないニンジンをもらった。ジュースにして飲んだら家族みんなから歓声があがった」というので、さっそく試飲させてもらった。本当に信じられない出会いであった。フルーティで、ともかく甘い。あのニンジン独特のクセがまったくないのである。

「これからは農業をきわめてみよう」。生き方が劇的に変わった瞬間だった。

既に私のジャガイモとダイコンは食べた人に感動を与えることができる。しかし、ニンジンはまだ結果が出ていない。ちなみにジャガイモは一年中新ジャガで食べていただくことになる。薄皮なのでその都度、手で掘る。

大根は三年以上野生化して自生していた自然児ダイコンである。百四十本ほど採取して栽培を始めた。これも薄皮ごと食べるための野菜である。

「夢をもって楽しく生きる会・幸塾」がある。「運を引き寄せ上手に生きる」という、そんな生き方を学びあう会なのだ。発足してもう通算十七年になる。

そこから派生したグリーンオーナー倶楽部をも主宰している（ＧＯＰという）。これは「もっと土に親しみ、自然な農や食へと戻る新潮流をつくっていこう」という活動である。

自ら農業者となってみて気がついたことがある。それは、日本の農業が新規参入者にとってきわめて有望な分野であるということである。

一度土壌をつくってしまえば、以降は費用があまりかからない。化成肥料がいらないし除草剤がいらない、農薬がいらない。なにしろ虫が寄ってこないし草取りの苦労がいらない。草取りの労がかぎりなく減っていく。そして育ちが早く収量が増える。

なによりも大事なことは、かかわった大地（土壌）が「自然態系」に還っていくのである。

この方法での栽培で「自然態が蘇生」する。この点が非常に重要なところである。もちろん、「自然を蘇らせる農のやり方」ではあるのだが、一般的にいわれている自然農とは雲泥の違いがあるといっていい。その違いに触れておこう。

一般化してきた自然農との大きな違いは、やはり虫が寄ってこないという点、草取りの苦行が著しく減ってやがてそれがいらなくなり、拾い草程度になるという点である。しかも糖度が高くて成長が早く、収量が多い。

「自分が食べる分だけ取れたらいい」というのとは違い、スタートから「より多くの人へ供給するプロの事業家としての自立を視野に入れて行う」点が大きく異なる。この分野で誇りを持って生計を立て、裕福な事業者になっていくことを前提としている。

本物の野菜やコメを食べた人が確実に感動し、その後に大きな変化が現れるだろうことを思い描いて、土壌や植物や天候と真剣に向きあうのである。

仮に両者が同じような面積で栽培をしたとしよう。

一方はあくせくして売りものになりにくい少量の貧弱な野菜を取り、一方は楽をして成長が早く、たくさん収穫できて糖度が高く、売りものになる野菜を収穫していくのである。

栽培のための必要経費がどんどん減っていき、いい出来栄えの野菜類が多く出荷できるようになる。すなわち、前提に「黒字運営」がある。

また、日々を良心に従って穏やかに過ごせるようになる。また、ストレスは激減するだろう。それから、笑いのシーンが増える。

このような「職業としての農業の魅力を伝えないともったいない」

そのように思っている。それゆえにあの時の一本のニンジンとの出会いに感謝している。

このニンジンを栽培したのは、世界の農業を変えるかもしれない日本の発明家にして農業指導者の神谷成章氏、八十三歳(二〇一四年時、以下、先生とよぶ)である。

真冬の一月、ナスが樹木と化して何本も並んで花と実をつけている。二〇一四年一月二十日、神谷先生の広大な楽園の一角にある菜園でのこと。

私の菜園のナスも樹木化して越冬しているが、単体なのでやはり神谷先生のナスの並木には圧倒される。隣にある「キュウリの並木」は最長三〇メートルにまで伸び、二年でも三年でも実をつけ続けさせたこともあるし、いつでもそのようにできるという。

またその隣の「トマトの並木」は二〇メートルにまで伸びる。同様に何年でも実をつけるが、老木になるにつれ実る数は減っていくと、神谷先生は言う。いっておくが特別なことはなにもしていない。自然の理（ことわり）に沿って栽培をしているだけである。だからこそ、その合理性と完成度に驚愕（きょうがく）するのである。

日本の農業は大きく変わっていく可能性がある。

変わらなければ新規参入者たちにとっては千載一遇のチャンスとなる。新規参入者たちの情報網によって一気に新しいムーブメントを起こしていくこともできる。あなたの人生も劇的に変わっていく可能性がある。

「この国の国土（田畑）や森林の真のオーナーは私たちである」

このことを踏まえ、良心に従って威風堂々、生きていこうと思う。

さて、本物の野菜に出会えば人生観が変わる。
人生の師とよべる人物に出会えば、それは変わります。

大下伸悦　拝

目次

1　摘みたてサラダくらぶ

ベランダ（庭）からの贈りもの（神谷先生発）

一月二十日、愛知県西尾市の神谷成章先生の菜園でのこと。奥側に生えているコマツナの芯を「ボリッ」と丸かじりすると、身体が久しぶりに、あの時のニンジンジュースと同じ反応を示し出す。

翌日になっても舌に興奮の余韻が残っているし、以降、ことあるごとに蘇る。葉っぱは、顔の幅と同じぐらいの大きさにまでなっている。

「身体に感動を与えない野菜は、野菜とはよべない」と思うようになる。本物の野菜を食べると、もう同じ名前の「似て非なる野菜」は食べたくないと身体が訴えてくるのである。

一枚の「コマツナの葉」で子どもが変わる。一枚の「ホウレンソウ」が人生を変える。

体温の低い児童が非常に多いが、私たちはこれを正していかなければならない。

四月から神谷成章先生の指揮のもと、「ベランダからの子どもへの贈りもの運動」が展開されていく。「摘みたてサラダくらぶ」としたい。ここでご縁を感じた方は、私と同じように庭先やベランダでこういう自然な野菜を栽培してみていただきたい。きっとお子さんに著しい変化が現れるに違いない。

「野菜で子どもたちを病気知らずの身体にしていけば、頭脳明晰で他人を思いやれるようになっていく」ことが一般的にも知られるようになってきた。食（野菜）を変えたら幼稚園や学校からいじめが消え、欠席が皆無に近くなったという実例も示されるようになってきた。

そのうえ、みんなの記憶力がアップして成績が向上することも知られている。なぜ、いじめが消えていくのだろう。それは子どもたちが他人を思いやるようになるからだ、という現場からの声がある。

日本の子どもを健康体（腸内温度の正常化）に回帰させていく。なにも、あなたがあらたまって農業を始める必要はない。指定の種を六か月に一度（年二回）植えれば、それで一年中野菜が取れるようになる。始めはコマツナで行う。

生命力旺盛な野菜なので虫が寄ってこない。農薬不要。化成肥料も液肥も除草剤も不要である。育ちが早いのも特徴である。

菜園や庭がない人はプランター（鉢）、あるいは買い物袋での栽培も可能であるが、発泡スチロールの箱などもいい。用いる土壌用資材にはこだわらないが、カーボン資材を混入することがポイントである。

最大の特徴は、硝酸態窒素（毒）の害がない生命エネルギー旺盛な野菜を生きたまま食べられるという点である。新鮮なためビタミンCが一般的に購入するものの十倍以上はある。

これを毎日食べる。毎日、野菜中のビタミンCとE、カルシウムが一〇〇％取れる。一〇〇％吸収されてしまう。

一般的に流通しているホウレンソウ・コマツナなどの青菜は、硝酸態窒素という毒素が含まれているので、生食をすることには無理がある。

ところが前述の自家栽培の野菜は、硝酸態窒素の害がない。むしろ、生野菜のままで食してほしい野菜なのである。本来の野菜は薬草なのだということを再認識してほしい。

万が一、食糧危機なるものが引き起こされたとしても、その時は「摘みたてサラダくらぶ」の栽培体験が生きてくる。

庭やミニ菜園など畳一枚分の広さを確保できるなら、家族三~四人の一年分の補給には十分な広さとなる（神谷先生談）。

この場合の水の補給は一か月に一回をめどにする。たとえばアトピーでどうにもならないとか、もともと肝臓や腎臓が弱いというような方は、是非これを実践してみてほしい（神谷先生談）。

2　世界を救う神谷先生の農業技術

二〇一三年三月十八日のこと。カンボジアの農業関係者が来日し、日本の農業指導者神谷成章先生宅を訪問した。

「お米が想定の範囲をはるかに超え、前年を大幅に上回った」ことを神谷先生に報告し、謝意を述べるための訪日だった。

彼らが取り入れたのは、愛知県の発明家で農業指導者でもある神谷先生が六十年以上の農業実践歴から到達した、草取りの労がかぎりなく減り、成長が早く収量も格段に上がり、食味が増す栽培技術である。

カンボジアやベトナムなどは、この農業技術を取り入れ、国策事業として取り組み出している。フィリピンも国家事業として資材づくりのためのプラントを建設し、稼働させているという。

また、インドネシアやラオス、オランダへも導入されている。韓国済州島では農業以外の分野へ導入するという。

これらの国への技術協力は、神谷先生が国連からの要請を受けて行っているものだが、当然ながら日本政府が間に入っていて、ちょうど私が先生の事務所を訪問している時、正式な調印の手続きを行っていた。

鳩山政権時の洞爺湖サミットの時、農業にかぎらずCO_2を削減する技術として二十七か国の代表が自国へ持ち帰ったことから一気に広がり出したのであった。

この農業技術で行われた圃場には虫が寄りつかない。というより虫は寄りつけないのである。

「感電死してしまうのではないか。人間は電気に強いが、虫は電気に弱いから」と神谷先生はおっしゃる。

虫が寄りつかないということは農薬がいらないということを意味する。

3　本物野菜は会社を救う

冬真っただ中の二〇一三年十二月、広大な神谷先生の楽園の一角の菜園で、ブドウ棚からいまにもはじけそうなプリプリのブドウを一つまみ摘まんで口に入れる。実に甘い。

本物（有益で無害）の野菜や果物は、一度食べたら翌日まで舌に余韻が残る。しかし、考えてみればもうすぐ大晦日を迎えるというのに、あのブドウのなり様（よう）には驚くばかりである。ニンジンにしてもコマツナにしてもキュウリにしてもである。トマトにしてもキュウリにしても、ショウガにしてもタマネギにしてもジャガイモにしてもである。

圧巻は神谷イモ（インドネシア原産の大薯（だいじょ））と、五〇度、六〇度の高温下栽培試験でもなにごともなかったかのようになり続けていたスイカ、そして、カボチャである。

まだ私が味わっていないのは、一月の訪問時、目の前になっていたナスだけである。

「栽培していないものはない」と神谷先生は言う。敷地内の大きな湖には魚が棲んでいて、八十五歳の神谷先生以外の人には重過ぎて釣り上げられない。
「しょせん、食べるもので人生が決まってくるし、寿命が決まってくる」
「そんな大事なことなのに、みんなタカをくくっている」
そうそうたる方々と食事をご一緒した時、こんな食べ方をしていたら、あと何年かでおかしくなるだろうなと思うと、観察したとおりにみんな予想した年齢で死んでいくという。

八十五歳の神谷先生の六人の兄弟や親は、みなさん三十年ほど前に脳梗塞で亡くなられている。

先生が栽培法にこだわるのは、ご自身が食べた食材の質によって、ご自身が頑健でいかにも若々しい心身を保ち続けてきたからである。

栽培種にもこだわる。そして、おおよそ野菜という野菜のすべてといっていい種類を広大な楽園の中で栽培している。

あの一杯のニンジンジュースと出会って生き方を変えた私のように、一度本物と出会ってしまえば、もう同じ名前の似て非なる野菜を食べたいという気は二度と起こらない。

体は聖なる生命体である。その生命体が感情表現をもって「自然な生命活動を持続させるため、私にはこういう野菜を献上してください」と言っていることの現れだということに気づかされる。

大手の会社であるにもかかわらず、仕事ができて頼れる人ほど体が強烈な電磁波にさらされ続け、ウツなどで挫折していくケースが増えていく。しかし、彼らを退職させれば社名に傷がつく。業績にも響く。復活するだろうとの期待もある。そこで「隔離部屋」が設けられ、そこへ何人もの人が押し込まれている。

主だった会社は同じように隔離部屋を持ち、外部からカウンセラーを招く。そのカウンセラーの方（知人の学者）にうかがった話は、身の毛がよだつ内容であった。「追い出し部屋」などというものもあるというが、運営に苦しんでいる企業の現状には同情申し上げる。

希望に満ちて入社した我が子を誇らしく思った親は、やがて異様に壊れていく我が子のあり様に、おろおろするばかりなのであろう。その親にできることはといえば、善意で、真剣に病院に送り込むことしか術がないのかもしれない。

ところが、薬なるものでウツが治った話はあまり聞かない。しかし、その逆のケースは山ほどある。親にかぎらず、家族の無知は病んでいく人をさらに深刻にさせてしまう傾向にある。

しかし、これらの会社には幸いなことに社員食堂があるのである。

どうか、食べたら人生感まで変わり得るような野菜を使ってみてほしい。ある日から前触れなく生野菜サラダとして出してみたらどうか。

毒性（硝酸態窒素）を持たない本来の野菜を、給食に使ってみることをお勧めする。有益無害な野菜が社員を救う可能性が高い。

業績を上げてくれるのは社員である。その社員に、本物野菜を食べさせてほしい。電磁波で腸と脳がおかしくなってしまった元エースたちが食で蘇る可能性がある。人材を野菜が救い、野菜が「人手」を人材にするかもしれない。

既に1章で、食を変えた時の児童たちの著しい変化について述べたが、ここでもう一度掲載しておきたい。

食(野菜)を変えたら
・幼稚園や学校からいじめが消えた。
・他人を思いやるようになり、助け合うようになった。
・欠席者が皆無に近くなった(病気の子がいなくなった)。
・みんなの記憶力がアップして成績が向上した(頭脳の明晰化)。
なぜ、いじめが消えていくのだろう。それは「児童たちが他人を思いやるようになったからだ」という現場からの声があがった、という。

児童生徒だけではない。神谷先生がその見本と考えたらいい。食(野菜)が社員を活性させ、会社を活性させ業績をアップさせる可能性がある。子どもが変わる。社会が変わる。

まずは、「ただちに手づくりゴボウ茶(天日干しにかぎる)を常備」してほしい。野菜の仕入れ値は同額で応じていいという栽培者もいる。私も一役買っていい。是非、採用してみてほしい。送料がかかるのは致し方ないではないか。

本来、野菜とは薬草と同義語だという。薬草としての働きをなすのである。

「車でいえばエンジンオイルに相当する」と神谷先生はおっしゃる。エンジンオイルは毎日欠かせないのだから、本物（有益無害）野菜は毎日欠かせないということになる。

ぜひ給食に取り入れてみてほしい。なかには私のように、一杯のニンジンジュースで人生感が変わる人も出てくるかもしれない。

ちなみに、神谷先生の奥さまは車の免許更新時、七十五歳にしてメガネいらずになった。それから十年弱経つが、テキパキとして電話受付をこなし、経理等、事務所全般の仕事を切り盛りしている。

どうみても五十代後半にしか見えない。はっきりしているのは自家製のゴボウ茶を常用していることである。

血圧一八〇の人が数日で一四〇になったという話もあるが、ゴボウ茶を飲む分には害はないのだから、興味を持た

れた方は、ご自身で測って本当かどうか確認してみるのもおもしろい。

市販のゴボウ茶と自分の手づくり天日干しゴボウ茶とを比べてみるのも一興ではないか。

4 日干し野菜と発酵野菜が毒（硝酸態窒素）を抜く

市場に出回っている野菜は毒（硝酸態窒素）が残留している。また、よく洗わないと農薬などが残留している。この本で紹介している栽培法での野菜は、そもそもそういう有害なものとは縁がないものである。


しかし、市販の野菜から毒（硝酸態窒素）を抜く方法が二つある。

一つは太陽光に当てて干物（干し野菜）にすることである。もう一つは発酵させることである。漬物にして食べることである。天日干しも発酵の一種とみられている。牛が生の草より干し草を好んで食べるのは、干し草の有用度をよく認識しているからだといえる。

5　死んだ野菜を生き還らせて食べる二つの方法

野菜は土壌から抜き取った時から死を覚悟する。そして切った時が死の始まりである。しかし、生き還らせて食べる方法がある。

それは、発酵させることであり、干物（干し野菜）にすることである。どちらも微生物の塊を食することになるからである。同時に毒（硝酸態窒素）が消えて有益で無害な野菜に変わる。

干したものの栄養価は、生を調理した時の十倍あるといわれている。特にゴボウ茶の常飲は我が身を助けるので、できればご自身で天日干ししてつくってほしい。

天日干しサツマイモも常備食である。脳の栄養なのだから軽視せず、常備して取ってほしい。少量でいいので習慣づけると何かのついでにひょいと摘まめる。

ジャガイモも常備食である。だし汁でゆでてから半乾燥し、だし汁に戻して保存しておき、いろいろな料理に使う。そのままでひょいと摘まめるようにしておくと毎日少量を取ることができる。

ただし、太陽光に当てずにつくられた干し野菜では意味がない。しかし、そんな場合でも水で戻して、もう一度天日干しをし直せば生きた野菜に戻る。近所で手軽に手に入る野菜をサラダで食べるということは、野菜の死体を毒素（硝酸態窒素）が抜けていない状態で食べるということになる。

そこでさらに二つの野菜を生き還らせる手軽な方法を述べておく。

三つ目のやり方は、手づくり焼塩を水に溶かし、その水に野菜や食材を五〜十分程度浸してから調理するか保存する方法である。

四つ目は五〇度のお湯に浸して洗い、それから調理をするか保存をするやり方である。ほとんどは一〜二分、ニンジン・ゴボウ・ヤマイモは二〜三分、トマト・バナナは三〜五分、トウモロコシは五分ほど浸せばいい。

汚れや酸化したものやアク（毒素）が取れて、収穫直後の細胞に近い状態にまで蘇る。汚れが落ちやすくなる。食感が変わりおいしくなる。保存しても長持ちするようになる。これなら生でも食べられる。

野菜サラダはできれば本物（自然で有益無害）の野菜にしてほしい。前述のような手順を踏んだものなら悪くはないが、生命力の旺盛さはなんといっても本物野菜にかぎる。

たった一杯のジュースが、コマツナの生の葉が、人生を変える可能性がある。

6 東南アジアに農場を確保する日本勢の動き

民間人はたくましく賢い。TPP加入の流れを逆手にとって、東南アジアに農場を確保する日本勢の動きが広がっている（神谷先生談）。

カンボジアを舞台に愛知県より広い土地（七万町歩）を農地として七十年間の長期借款をする人や団体が出てきている。こういう動きは確認できるだけでも既に五件を超えているという。

カンボジアは人口八十万人しかいないが、国土面積は日本の二分の一ぐらいである。まだ電気も通っていない地域が多く、人々は素直であって日本人にすればいくばくかの収入に過ぎないというような額でも喜んで働いてくれる。不平不満が先行しがちな日本人とは違い、活力に満ちている。

カンボジアにかぎらず、貧しくて年頃の子どもを売ってしまうような地域がいまだにある。それが世界の現実である。日本人は、インフラを含め、世界で最も恵まれた裕福な国に住んでいる。そのことに気づけば、日本ならではの次なる創意の世界、新たな次元を追い求めることができる。

叡智が喜びを創造する。不満や不安は、国家や組織への依存意識の増大の表れであり、自らの可能性を閉ざすことになる。

7　森林面積の国土に占める割合、上位三か国の一つが日本

フィンランドとスウェーデンと日本は、いずれも森林面積の割合が七割前後であって大差はない。

人口四百三十万人台のフィンランド、九百三十万人台のスウェーデンは、人口こそ日本の三十分の一、十三分の一程度だが、国土面積は似通っている。

この二国を人口が少ないから七割前後を保てているといいたいのではない。七割前後の森林面積を保つ国がこの三か国しかないということが奇跡的な現実であるこ

とは間違いないのだが、それにしても、人口が一億二千七百万人台の日本は、世界十位（二〇一四年時）の人口大国にして経済大国である。

その日本が国土の七〇％弱の森林面積を保ち続けているというのは、いまの地球人類の思考と行動の次元からすれば信じがたい現実なのだといえる。

人口が一億人を超える国は世界に十数か国あるが、中国にしてもロシアにしても木を伐採することはあっても、植林や造林をすることはない。

北京にはものすごい勢いで砂漠化が迫っているというのに、である。

世界一裕福な国家である日本（小国を除く）が森林面積七〇％弱の割合を保ち、むしろ人家の後退によってその面積を増やし続けている現実は、到底、人智のなせる業とは思えない。

私たちが、豊かな森林を子孫に継承し続けている「人類へのお手本の国」の一員であるということは、私たち全員の誇りである。

8 世界に残された三つの優良耕作地帯の一つが日本

「世界に残された優良な耕作地帯」を三つあげれば「シベリア地方、北海道を除く日本、カナダ国」になるという。「人類に残された稀少で優良な耕作地帯」との評価には日本人として誇らしく思える。

また、シベリアやカナダと違い、日本は南端がアフリカのモロッコからフランスあたりまでに匹敵する縦長の列島である。総じて温暖であって、一年中、コメやなにかしらの生鮮野菜が栽培されている。

極寒の地ゆえに残されたシベリアなどの耕作地と違い、日本が優良な耕作地として維持されているのは水（水田）のおかげである。この国が二千年以上、水稲の連作を可能としてきたのは、日本が農耕民族、すなわち叡智の民であり、神ながらの祈りの民だからといえる。

しかしながら、国際的な「日本の農地が地球上に残された最後の優良農地の一つ」との評価にも、いまのところ、日本人はその豊かな国土と農耕文化を尊いものとして認識し、感謝し、持続させようとする機運に欠けていることは否めない。

異邦人の目に「日本の農地がうらやましい農地」と映るとすれば、それは無理もないだろうと思う。

見事なまでに整備された水路を持つ田んぼに、美と実利を感じていただけるということには日本人としてすごくうれしく思う。

とはいえ、そうはいいながらも「やれやれ、森林だけではなく農耕地まで手に入れようと画策しているのか、そこまで程度が低いのか」との思いがよぎるのは事実である。

外国人や外資系組織が日本の山林を買い漁っているというのは、昨日今日のことではない。

彼らが日本の山林をほしがるのは、「従来の石油以上に水を世界支配の戦略資源ととらえていることにあいまって、日本の森林・田畑がきわめて優良な資源である」と、認識しているからだといえる。それに、けっして木材や鉱物や道路に無関心というわけではあるまい。

せっかく日本というお手本の国があるというのに、自分が生まれ育った国を、その「ひな型」と同じような次元まで引き上げようとする発想すら持てない。そんな彼らではあるが、それでも私たちは利他の境地で彼らを包み込み、気づきの時を待つしかない。

とはいえ、今生のすべての生命体の大もとである水の保水と供給を担い、酸素を生み出す日本の山林や田畑は、ご先祖から継承されてきた日本固有の宝の山である。どうしても売るというなら入札をして日本人に売ってもらいたいものだ。

ご先祖がそうであったように、また次へ、また次の世代へとバトンをつないでいくのが、いまという時代を担当している私たち継承者の役割である。

東京都の奥多摩の山林で、林業再生のモデルづくりに立ち上がった三十代の友人が、「東京の奥多摩の山林までもが外国人に買われている」と言う。

よもや、全国的な外国勢の山林買いが問題化していることを都知事だった男たちが「知らなかった」というわけではあるまい。

連綿と、粛々と継承されてきた「地球人類の利他共生のひな型」の一つが、日本の森林であり、田畑である。

後の世に「先祖たちは、よくぞこれだけの森林を残してくれたものだ」と誇らしげに語りあえるような物語。

私たちには、それを後裔たちに継承していく「誇り高き義務」がある。


どうあれ、日本（神谷成章氏）の農業技術が確実に世界の農業を変え始めている。このことは事実である。極北の不作・不毛の地ですら、冬でも野菜が食べられるようにしていくことが可能なのではないか、と思ってわくわくしているのは私だけだろうか。

そう思う以上は、思ったことを実現させていかなければ、そのように思った甲斐がないと思う。

奸計（かんけい）を重ねているらしき異邦人もいるそうだが、やはりお人好しの日本人には砂漠の緑化とか、凍土地帯での野菜づくりの実現法だとか、そういう利他の精神次元で、知的好奇心を追い求めて躍動しているほうが性に合うし似合っている。

どうせ誰もが死んでいく。だから、私たちはわくわくとして好奇心に従い、自他同然に生きる道を選択しているのではないだろうか。

肉体を手放して向こう側へ持っていけるものは、たった一つ。いくつもの感動の場面で得た時の、あのバイブレーションの履歴だけなのである。

9　地温を上げればトマトもキュウリもナスも一年中なり続ける

「植物は自分の旬がいつかは自分で決める」

地温と気象（陽光・雨など）の条件が整えば、いつでも生命循環の営みを始めるのである。もっとも裸の圃場（露地）の場合は、地温だけではなく、気象が読めなければうまくはいかない。人間の思い込みで勝手に決めつけられるものではないが。地温などの条件が整っている所では、トマトもキュウリもナスも一年中なっているのだが、条件さえ整えば自然界は自分の判断で「自然に」生え続けているのである。

10 ハウス栽培・冬季の暖房はほとんどいらない

冬季のキュウリのハウス栽培の心得を、知人の愛知県西尾市の鈴木さんからうかがった。

「夜はキュウリたちをゆっくり落ち着かせてやらないと、暖かくなってから実りが悪くなる」、「土づくりがしっかりできているので、冬季の暖房は用いる必要が生じていない」。

保険的に設備は整えてあるが、「暖房を用いる機会はかぎりなく少ない」、「いまのところ用いる必要を感じていない」と言うのである。

彼は五〇アール規模の施設でキュウリ栽培を行い、推定売上一千万円、もう一人の知人は、推定売上五千万円ぐらいと噂されるが、当たらずとも遠からずといったところではないか。

ある知人はさらに栽培規模を拡大するため、「ガラス張りのハウス」を即金で購入したと噂されている。

それにしても「日本の農業者がかくも裕福である」というような話を話題にできるということは実に痛快なことではある。

11　誰にでも同じようにできる

彼らは確かに超プロである。

しかし、「誰にでも同じようにできる」。素直に言ったとおりに行えば誰にでもできるのである。そうでなければここで紹介する意味がない。もちろん、指導を仰ぎながら段階を踏まなければうまくはいかない。

師を選び、「素直に学んで、素直に実践すれば誰にでもできる」。


身につけるまでは徹底して真似ることである。学びの語源は「まねぶ」ことである。知識の継ぎ接ぎではうまくいかない。失敗する人は「あちこちの情報を継ぎ接ぎして食い散らかす」。これではうまくいかない。

頭がいいと自覚している人ほど、この継ぎ接ぎをして自分の言葉に酔いしれる傾向があるが、失敗して逃げるのも早い。ちなみに私自身も、昨年の露地栽培に加え、栽培用ハウスでのトマトの試験栽培を行っている。


いま生きているということの「ひとコマひとコマ」は、抱きしめたいほど愛しい体験である。あとどれぐらい生きるというのか。その貴重な時を、大いなる何者かにいただいているのだ。

この愛しき日々に「嘆きの日々」を刻むのか。「好奇心に活き活きとした翼」をつけて刻むのか。「嘆きの農業」も影絵に映せば美しいのかもしれないが、そろそろ、いまのままでは立ち行かなくなってきているのではないのか。

まずは知ること。そして実践すること。続けること。継続が肝要なのである。神谷先生は「三年ついてきてみれば話している意味がわかるだろう」という。

神谷先生の六十年の研究実績は驚嘆に値する。農業とは知的ゲームである。そして人生もまた知的ゲームだと思えば、目の前で展開している世の中の事象も、自分の置かれた状況も、山から切り出されてきた創造の素材としての大理石のようなものので、自分の創意と腕次第でどのようにでも切り拓けるのだ。

そう達観するとなにもかもが愛しいものに見えてくる。

実践してみれば実に単純で明快な動きをするに過ぎない。プロの栽培者にも、新規参入者にも是非、学んでほしいし、実践してほしいと願っているものである。ただし、ずぼらな人には無理である。

他人のせいや、資材のせいにする依存グセのある人には、到底無理である。近寄られても迷惑である。

12 楽にできる・たくさんできる

栽培のポイントは、太陽光とカーボン化資材の二つにある。

草取りの苦労から解放される。太陽光と超好熱菌によってカーボン化した有機物由来の無機資材を土壌に鋤き込み、草取りがやがてかぎりなくいらないようになっていく土壌をつくっていく。「単純化、不作知らず、収穫時期が早まり多収穫となるように」到達域の土壌づくりをきわめていく。

なにより楽にできることが微に入り細に入りきわめられている（学びの会の開催を企画しているので細部は教わったらいい）。先生は見事なまでに「到達域」をきわめきっておられるが、それでも飽くなき研究心は止まることを許さない。

当初の土づくり段階で五回ほど、土起こしをする。この時、太陽光とカーボン資材によって草の種（胚芽）が壊れていく。そうして草取りから解放されるようになっていく。元気な野菜には虫が寄ってこない。

草取りが省かれていく。楽に楽に、安全にを追及する栽培法は驚きの連続だが、しかし、痛快ではある。栽培はむしろ従来法より単純なのである。

私の体験でいえば、教わったとおりに行い真剣度が伴いさえすれば、誰でも単純化・簡素化して楽に栽培できる。「化成肥料や除草剤や農薬や、消毒ガスとは無縁」の環境で栽培するため経費が大幅に圧縮される。

したがって、栽培者の身体を蝕むような薬剤が使われることはない。そのうえ、いままで実現できなかった「価値の高い野菜」が出荷されていくのである。

食べた人の人生感が変わるような、感動をよぶ野菜をつくり、あわせて自分が自分の良心から感謝される。それに、太陽光はただなのである。

こういう栽培をしていたなら赤字になりようがない、と思うのは私だけだろうか。

13 農業のイロハは草取りと虫の害からの解放（もちろん薬剤なしで）

前項でも述べたが、農業のイロハはまず草取りと虫の害から解放されることである。

草取りで苦労するような農業では話にならない（神谷先生談）。前述のとおり、このカーボン資材（太陽光と超好熱菌でカーボン化した穀物由来の資材）で指定したとおりの土壌づくりをすれば、「化成肥料も農薬も消毒剤も除草剤も燃料費も不要」になる。すなわち、化成肥料も農薬も消毒剤も除草剤も燃料費も購入する必要がない。

いい土壌からは、常に電子が空中に飛び出しているとみられる（故楢崎皐月氏はそういう土壌をイヤシロチと表現している）。

生命力旺盛な野菜には虫が近づかない。超健康な野菜に虫が触れれば感電死する。虫喰いがある野菜が自然なのではない。曲がったキュウリが自然なのではない。

自然農を語る方は虫喰いや曲がりを自然な証拠だと言うが、それは誤りである。

有機農法というが、植物は無機を餌にすることはできても、有機を餌にすることはできない。植物は無機しか吸収しない。

化成肥料もまた、そのままでは植物が満足に吸収することができないという。有機物の混入は腐敗菌を増殖する危険性をはらんでいる。

化成肥料は植物の餌だけではなく、植物に不利益を与える菌の餌にもなるという。菌によって植物の根が消耗する。その菌を退治するために消毒ガスという毒を投入する。

一方、根を消耗させられ弱った植物を処分するために虫がわく。虫を撃退するために農薬を投入する。

したがって、化成肥料を使えば、農薬と消毒薬を使わざるを得なくなる。これに除草剤を加えた四点セットを毎年購入することになる。長年化成肥料を投入され続けた土壌はバランスを著しく欠くため、また別な資材を投入することになる。

生体が弱り、崩壊（未病・病・死）に向かう時、その弱った部分や個体を処理するための神の使いが虫（自然の摂理の執行役）なのだという。しかし、私たちは虫がわけば、その場では農薬を噴霧せざるを得ない。

私たちは虫を悪役と誤解して、彼らを「殺す」。それがあたり前であるかのように劇薬を用い、彼らを簡単に葬り去る。

そして、しばしば突然死（毒物の害）という形で、自らが報復を受ける。情報はフィードバックする。

殺せばいずれ殺される。それが、宇宙の摂理だからである。

農薬等、やがて不要となるはずのものの購入のために、いったい年間いくらの経費をかけているというのだろう。たとえば、七十四回前後の農薬を散布したキュウリを出荷するようなことから逃れられると思うのだが。

ほかの野菜の現状もまた、農薬噴霧の回数は似たりよったりなのである。しかし、虫が寄ってくれば使わざるを得ないことも事実である。

それゆえ、本書では「虫が寄ってこないようにできるやり方」を紹介しているのである。

ここで紹介している土壌混入資材と葉面散布液で栽培された野菜などは、硝酸態窒素が害をなさないものである。だから、キュウリなどはその場でボリボリ食べられる。やがて、そういう野菜を出荷できている自分に感謝できるようになるのではないか。

農業の為政の現状は、農業者に「嘆きの材料」を提供するのみであるかのように見える。しかし、私たちにはロマンがある。

「変われなければ、変われないがゆえに、やがて圃場を明け渡すことになる」

さて、神谷先生の圃場には草が生えてくる気配がない。人が圃場に踏み込めば足跡がくっきりと現れる。思い出したように単独で芽生えてきてもいいはずの拾い草も生えていないし、踏み入った痕跡すらないのである。

いや、正確には一人分の足跡があった。ふとどきものが侵入したのである。が、教わらずして得るものはなにもない。

私は、カーボン資材での土壌づくりを実施して一年弱だが、初年度から目に見えて変化が現われてきている。この一年目に行った播種前の手順を三年も繰り返せば、神谷先生の圃場のような草が生えてきそうにない畑が実現する。

そして、それが実現したら以降は、申し訳なさそうに生えてくる草の「拾い草」をするだけでいいのである。

14 地温二〇度の土づくり

キュウリ栽培者の鈴木さんの話を紹介しておく。

「所定の資材を投入すると、地温が二〇度で安定し出す」

「また、土壌下五〇～六〇センチの地温は一年を通して二〇度で安定している」

「根が深くなるように育てている、という意味はそこにある」

「それから、地下水の温度は年間を通じて一六度と安定していて温かい」

これらの点はなにかのヒントになるだろう。

「植物も人間も、頭寒足熱の理(ことわり)を崩せば体調を崩す」。暖房をかける場面はかぎりなく少ない。燃料費は極限まで減ずることができる。暖房費をたれ流すのは、まったくの間違いである。そのことを知らない方は燃料代で赤字をこしらえ、知っている方は黒字基調を維持できる。

そういう意味で「知らないということは罪なこと」なのである。

確実に黒字になるやり方を知って実践するだけで、食べた人にも感謝されるようになる。難しいことはないように思えるのだが、人は不安に支配されて立ちすくみ、始めの一歩を踏み出そうとしない。

それに、自然の理とはまったく逆のことをしておかしくなっているのは、人間と人間が飼うペットと、人間が栽培するハウスの野菜たちだけである。これはけっして笑い話ではない。

15 農は知的ゲームであり、スポーツであり娯楽であり、体理学の実践の場である

農業は知的ゲームである。スポーツであり娯楽であり、体理学の実践の場でもある。圃場での一連の動作で身体の不調和を正すという一石二鳥の実利を求めることができる。私は植物との語らいのひとときを通じて身体を整えることを農業に求めている。農作業で骨格（骨）と筋肉の関係を整えることができるようにしていくこ

とをテーマにしている。そして本物（有益無害）野菜で生体を整えていく。

ジャガイモを植える時のパターンにも何通りかあり、直立で小走りにステップを踏みながら行う方法や、高齢で転びやすい人向けに畝を「和服歩き法」で歩いたりさせている。

また、通説とは逆になるが、腰痛持ちの人には、ある器具を腰と股の間に挟んで草取りをやることで、腰痛の原因を解消させていく。これは体理学研究家の柳原能婦子先生がたくさん持っている腰痛改善法の一つである。彼女に師事して学ばせていただいた。

その結果、頚椎の一番と二番で生体の不調の九五％を正すことが可能であるということを習得させていただいた。

背骨がS字のように曲がっている人も数分でまっすぐになる。

人は呼吸をする。

息を吸う時には骨が動き、息を吐く時には筋肉が動く。頭蓋骨も息を吸う時接合部を開き、息を吐く時それを閉じて呼吸をし、脳の健康を保とうとしている。

そのようなことを踏まえ、田んぼや畑での動作は、骨と筋肉の不調和を正すことと連動させ、農事で体調を整えることを前提として姿勢のあり方を組み立てていく。

今年はＣＤプレーヤーを持ち出して、圃場でのエクササイズを充実させていく。農作業で身体の不調を整える。それもこれも草取りや虫から解放されているからできることである。

昨年は、農作業とあわせて野草酵素づくりも楽しませていただいた。そして、野菜や草たちとの交信を重ね、気がつけば大豊作となるということを思い描いている。ともあれ、私がこのような活動をしながら、野菜やコメを体温の低い子どもたちへ提供することを念頭に栽培していく決断をしたのは、一杯の本物のニンジンジュースとの出会いがあったからなのであった。

16　農業、新規参入者には大きなチャンス

愛媛県愛南町の農園の近所に、五棟で計五〇アールの大規模な栽培ハウスがある。そのビニールが破けて寒風にパタパタとはためいている。それがいかにも痛々しく

見えてしまう。
ここの農業者の場合、昨年は「燃料の高騰」でキュウリとトマトの栽培を途中で放棄していた。今年は最初から栽培を放り投げている。関東から来られた方だというが、夜逃げでもしたのだろうか。
一棟だけ借り受けて、私自身が地元のハウス栽培者の現状に一石を投じようか、とも考えている。

私自身、小型の栽培ハウスを建てて試験栽培を始めてはいるが、一〇アールの栽培ハウスを手がけるいい機会になるのではないか。
おもしろい時代になった。誰もが尻込みするような状況下では、優良な施設での栽培もそう難しいことではない。

先日、私どもの自由芸術農園のある四国愛媛県愛南町でいくつもの会社を経営する地元の名士といわれる方から、唐突に「私の農地九百坪を差し上げるので貰ってください」という話があった。

その方は、「私は人を見る目に長けている」とおっしゃるのだが、まだ正式な挨拶も交わしていない。無口な私は自分のことは話していない。それなのに、である。
しかし、己の栽培能力に合わせ、慎重に農地とつき合っていくようにしたい。
いつも実感することだがありがたいことに私は、なにをやっても運を引き寄せてしまう。

圃場は購入するものではなく、あるいは耕作代行料をいただいて、あるいは一定の耕作成果配分を還付して、あるいは無償貸与を受けて行う時代になってきている。

人はいずれ死ぬ。だから不動産の所有欲に従うような行為は邪魔であり、無駄である。

身体が思うように動かなくなった超高齢の農業者に優しく寄り添って、耕作をご一緒させていただくというのもいまの時代にはよく似合っている。そこには必要な農器具がそろっているのである。

17 この国の真のオーナーは

国民の生活を守っているのは農業者たちである。医者でも司法でもなく現在の国会議員でもない。その農業者が無知ゆえに赤字に苦しんでいるということでは困る。

農業者とは「命の種」とかかわる人をいう。その命は野菜やコメの姿で運ばれる。別名「食」ともいう。「食は人生をつなぐ」のである。「食は命そのもの」なのである。私たちは、我が命を農業者に委ねている。

自分の代わりにコメや野菜などを栽培していただいている人を農業者という。農業が問題だという時、それは私たち自身が「自ら栽培すること」と正しく向きあう瞬間を迎えたことを意味している。

問題は、「問題だと語っている自分自身の問題」なのである。が、そのことを認識していない自分にこそ問題がある。

原因と結果の法則がある。結果は原因である自分がなしている。「原因はいつでも自分にある」のだが、「そうではない」という時、当事者である自分が主体性を放棄して「自分以外のものに依存し、寄生している現状」を表現しているに過ぎない。依存者はいつでも自分を正しいと主張し、他に転嫁する特徴を持っている。

食事とは「野菜という名の命」を恵んでくれた天からの一滴の水に、農業者のたくさんの労に感謝し、その受け止めた命のバトンを、まずは「自身という神殿」に献上するご神事ととらえたらいい。

経済行為だけの関係として見てしまえば、「もっとまともな野菜をつくれ」といったようなことになる。人を攻撃すれば、いずれそれは自分に跳ね返ってくる。親せき筋に必ずや農業関係者がいらっしゃるはずだ。

少なくとも、そのお一人ぐらいとは交流して、時には野菜やコメを直接送っていただくぐらいの気さくな関係を結んでおきたいものである。

そして、できれば本書で紹介しているような農業のやり方があることを伝えてほしい。この国の農と食を健全にしていくのは、この国の真のオーナーであるあなたなのである。

私たちの命は、しょせん口から摂取するもの次第で決まる。土壌が荒れ、栽培者が赤字にあえいでいる状況を打開するのは、この国の真のオーナーであるところの私たちなのである。

草取りで苦しんでいる人がいたら、「草取りや虫の駆除から逃れられるやり方があるようですよ」と教えてあげていただきたい。ハウス栽培で暖房を使っている人がいたら、「かぎりなく使わなくてすむやり方があるようですよ」と。

そして、やがて直接野菜を購入できる関係を結んでほしい。食べてくれる人の顔が見えれば、農業者や、コメや野菜の励みになる。植物も私たちと同じように意識と意思を持っている。

この国の真のオーナーは紛れもなく私たちである。

この国の「本物の農と食」を育むのは、あなたの愛とアドバイスである。

本物の農とは、環境の汚染を回復させる農である。

本物の食とは、食の循環に「不自然」が入り込まない食である。

18　ジャガイモの六〇センチ四方の箱での栽培、収穫は最大四五キロ

アメリカでの栽培例だが、プロの農業者が六〇センチ四方のスペースで最大、一箱四五キログラムのジャガイモを収穫していて、十年以上の栽培実績がある。

具体的なやり方や品種まではわからないが、各自工夫をして先達の域に近づいた

らいい。

熱を加えてもビタミンCが壊れないという特徴を持つジャガイモは、幸せな生活を維持するためにも、毎日皮ごと食べてほしい食材である。是非、栽培を楽しんでみてほしい。


成長に合わせて枠を五～六段まで重ね、土を上のせしていく。下の方から実っていくので下の段から手で掘って取る。虫が近寄らない。化成肥料なし、追肥なし、除草剤なし、農薬なし。

19 年中「新ジャガ」、皮ごと食べて

ジャガイモは皮ごと食べられるものでなければ食べる意味が半減する。故エドガー・ケーシーが「皮を食べても中身は捨てよ」という啓示を受けたというが、「新ジャガ」でなければ皮ごと食べることはできない。

皮が薄いので、「食べる分だけ」をその都度、素手でていねいに取り出す。小さめのジャガイモでもリンゴ二個分強のビタミンCがあるという。

熱を加えてもビタミンCが壊れないので、毎日食べる基本食材として欠かせないため、一年中「新ジャガ」で提供できるようにするのが栽培者の務めである。

市販の大規模栽培のジャガイモは除草剤で茎を一斉に殺処分するため、菌の攻撃にさらされて皮がゴツゴツになる。放射線を当てて芽を殺せば有害ジャガイモになるが、それが離乳食にも使われていると聞く。


また、ジャガイモは太陽光に当てると、覚悟を決めて種イモになる準備を始める。すなわち毒を産生し出す。

市販のジャガイモと私の所の新ジャガとを、切り口を上にして変色実験をしてくれた方がいた。すると、北海道のイモは二日目で真っ黒に変色した。

そうはいってもイモは少量でも毎日食べてほしい常備菜なので、焼き塩水に漬けて皮を剥いて調理すればそれでいい。

20　これからは露地野菜の市場価値が高まる

裸の畑（露地）での栽培でもハウス栽培とまったく同じで、「土づくり」がすべてといえる。ところでおもしろい情報がある。「これからの傾向としては、むしろ露地栽培の野菜の価値のほうが市場価値は高まっていく」と、神谷先生はおっしゃっておられる。

たとえば、淡路島はタマネギの産地として有名だが、去年はうどんこ病が蔓延して不作だったという（神谷先生談）。

「もう従来のやり方ではうまくいかなくなってきている。その結果、タマネギの栽培者のなかにはジプシーのように各地を転々としてつくっては、また次の地へと渡り歩く人々が出現している」というのである。

すなわち、連作障害がなくて、天候不順に強い「太陽光とカーボン資材」を使った圃場での栽培は、稀少性を高めていくということになるのではないか、と思う。

21　やり方を変えて裕福になる

私は東日本大震災の一か月前にいままでの生き方をリセットし、それまでの人的交流の一切を断ち切って農業の分野に踏み入った。

それ以前から、災害の土砂流出で三十九年間放棄されていた千葉県大多喜の農地跡の再生をＧＯＰの仲間と行い、木を切り出したり、橋を渡したりして田んぼを再生してきた。ＧＯＰの仲間はみんな素敵で、手弁当で集まる。

神奈川県葉山町の竹藪の二十年前の農地への復活運動を行い、はずみで「聖なる米といわれるイセヒカリ」を植えたのだが、奇跡的に次世代へと命はつながった。実に神秘的な森で天使の森と名づけた。

危機が叫ばれる日本の農業の現状が巷でいわれるような状況であるのかどうか。それを身をもって体験するために、農業者の一人になりきってみようと思った。そういう経緯を経て、一本のニンジンに導かれて神谷成章先生に出会い、現在がある。

いま実感していること、それは「農業で赤字になるというのはまったく解せない」

ということである。農業は実に魅力ある職業であるということがいえる。化成肥料も除草剤も、農薬も消毒ガスも不要になり、虫が寄ってこなくなる。じきに草取りで苦しまなくなる。やり方を変えれば裕福になる。

農政はもちろん大事だが、期待していてもなかなか日本の農業者の思ったとおりになっていかない。私たちは短絡的に政治のトップを責め、それがガス抜きとなって「程度の低い新たな決まりごと」ができ、それに従っていく。

私たちは頼りにならないものから自立していく時を迎えたのではないか。農業者もその提供を受ける側も、一人ひとりが智慧の民の遺伝子をオンにして現状を変える時期にきている。

そうしないといよいよ立ち行かなくなってきているといえるのではないか。誰かに、なにかに依存し続けてきた現状を変えなければならない。変われなければ、変われぬがゆえに消えていかざるを得ない。化成肥料も年々手に入りにくくなっていく。農薬も高価になっていく。

もう一度述べる。化成肥料がいらない。除草剤がいらない。農薬がいらない。消毒剤がいらない。天気次第などというおままごとはダメ。結果は出たとこ勝負もダメ。虫にやられて全滅もダメ。虫は出ないようになるといっているのである。

22 年齢制限も性別制限もない分野はほかにあるのか

農業者の高齢化は、国と当事者にとっての問題なのであって、新規に参入する者にはこれほどありがたい分野はない。

それは、「周りが戦意喪失しているなかで、のびのびと結果が出せる分野」であることを意味しているからである。なにしろ「年齢制限がない」のである。男女の「性別制限がない」のである。フリーターなどと馬鹿にしたようなものいいをされることもない。どうしても派遣社員がいいという人を派遣で使ってあげることもできる。

おまけにこの農業という分野は、後継者難が問題視されている。しかしこれも国と当事者にとっての問題なのであるが、新規参入者には実にありがたいことである。農業が「苦しくて汚くてやぼったくて暗い」と思い込んでいる。

苦しくて汚いなどという情報をうのみにして、知恵を出す楽しみに封印をしているのである。親が典型的な「嘆きの農業者」だったということもあろう。いまや、それは「思い込み」に過ぎないことは、もう既におわかりと思う。

農は知的ゲームであり、スポーツであり娯楽であり、体理学の実践の場なのであって、こんなにありがたい場はない。スポーツジムに通って散財する必要もない。いまや農業は異性に「もてもて」である。

日差しを浴びて短時間動き回るのだから暗いわけがない。ウツの人は日差しに当たるようにしてみたらいい。

23　生涯現役で貢献できる分野はほかにあるのか

生涯現役で創造的人生を過ごすことができる。しかもストレスがきわめて少ない環境で、である。

こういう分野がほかにあるだろうか。自営業や会社の創業者がそうだというが、そうではない。会社経営ほどストレス度の高いものはない。

ある時代は波に乗れても、時代の変化に対応して生き延びるというのは並大抵のことではない。

農業だけは別だ。漁業もいいが、波の上だからやはりなかなかそうはいかない。

農業のネックは草取りと虫対策であるが、既に紹介したとおり神谷成章先生の到達した世界はまったく違う。徹底して楽を追及しているが、それでいて高収穫・高品質なのである。

24　インフルエンザやノロウイルスへの対処の一例

インフルエンザやノロウイルスに罹患(りかん)した人は、天然の環境で育ったキュウリを五～六本用意してスライスし、これに手づくりのドレッシングをかけてサラダとしてポリポリ平らげてみてほしい。

あるいは、手づくりジュース（焼き塩微量）をつくって飲んでみてほしい。飲食後にその変化が実感できるに違いない。

このキュウリサラダでの回復法は、国際特許を二十七も持つ、発明家にして農業指導者の神谷成章先生に教わった方法である。

本人以外の家族四人が同時に罹（かか）ってしまった。が、キュウリをスライスして食べさせたら四人ともすぐに回復してしまった。

ほかにも同様の事例があげられる。神谷先生のキュウリはビタミンCもさることながら、カリウムの多さが特徴であるので、特に効果が顕著なのかもしれない。

ノロウイルス罹患は明らかに腸内環境が荒れて弱っている人に現れる症状だということが知

られている。
腸内が本来の発酵環境になっていない（腸内温度が低い）日常の生活（特に食生活）を見直せというシグナルと受け止めるべきである。キュウリ効果を楽しんでみよう。

手づくり豆乳玄米ヨーグルトもいい（豆乳と玄米を九対一の割合でつくる）。
食の威力を再確認するいい機会となるだろう。私たちの生体が口から入るものの質によって維持されているのだということを、あらためて自覚していただきたい。

本来の野菜は、薬草なのだとはよくいわれることだが、大病を患ってから「食を大事にしておくのだった」と後悔する話はよく耳にする。やはり、各々の人生は口にするものがベースになっている。とはいっても、実際に目の前では「やれやれ」とあきれてしまうようなシーンが繰り広げられている。

キュウリは前述のように硝酸態窒素の害のないものとつき合うようにしてもらいたい。
そういう生命力旺盛なキュウリが手に入らない場合は、一般に流通しているキュウリで代用してでもいいが、五〇度のお湯に浸けながらよく洗い、一～二分してからスライスして食べるようにする。

なお、硝酸態窒素のない野菜は、ベランダでの栽培によって手に入る。水やりが半年に一回での栽培法を推奨していくので行ってみてほしい。また、私自身もこういうキュウリをお裾分けできるような体制を整えておきたい。

25 消費税の増税前の買いだめ需要

消費税の増税前の買いだめ需要が起こり始めているという。化成肥料や農薬などが買い占められる動きが始まっているという。「肥料が足りない」などと。春には大騒ぎになるのだろうか。

やり方を変えれば購入する必要がないものの確保に血眼になっている世相は滑稽にさえ映る。

しかし、みんな真剣さの証なのである。けっして他人事ではない。日本の農業を下支えしていくのは私たち自身の意識と行動である。本書を読み終わったら回し読みでいいから教えてあげるようにしたらどうだろうか。

26 「農と食」の探究のきっかけ

私が「新時代の農と食」の探究を始めたきっかけは、幸塾の最高顧問の船井幸雄氏と近藤洋一(株)トータルヘルスデザイン社主の、「楽しく生きる会」新春対談記事であった。

その対談の中で船井氏が、「事情が許すなら農業の分野もきわめたかった」とおっしゃっておられた。「それなら私が代わりにやらねば」と思ったのだが、いかにも短絡的で単細胞なことではある。我ながら苦笑を禁じ得ないが、しかし、なるほど思ったことは実現するものである。

「この国のオーナーは私たちである」。そのことを自覚し、日本の農業者を側面から支えていくという運動（グリーンオーナープロジェクト=GOP）を、中心に据えていこうという思いが「夢をもって楽しく生きる会・幸塾」の根幹にはある。

それで毎年、「運を引き寄せ無事を讃えあう」というフレーズを掲げ、年の初めに、縁あって知りあった仲間が東京・大阪・名古屋の「新春の集い」に集ってきた。「新春の集い」は、新春だからこそ本物情報の発信者の人選に気をつかう。

神谷先生には全国に一万人以上の教え子がいるという。

神谷先生は三度の臨死体験を経て後、天から情報をいただけるようになったような節がある。歴史的にもそのような大発明家や芸術家は何人もいる。

先生のアドバイスを受けた人で赤字経営の人はいないともいう。

各地に「既に豊かな農業者」がいるのである。その人たちを中心に「食卓に幸せを運ぶ誇り高き農業者・・・創造に生きる叡智の人々」を増やしていきたいものである。

27　利他共生のひな型の国、日本

さて、日本は最高の農地を休耕地として遊ばせていても、実はなにも困っていない。それほど恵まれた国なのだということを自覚してほしい。

休耕地が「農地としての記憶」を失うわけではない。将来、必要とされる時のために休耕地という「糊代（のりしろ）＝余裕」を増やし、傷ついた農地を雑草たちに修復しておいてもらうことのなにが問題だというのだろう。

それが真の豊かさの証なのだが。

もちろん、視点を変えてみればそのようにもいえるということがいいたいのであるが、ひるがえって世界を見渡してみれば、このようなぜいたくな国はほかにはないのである。

この国は見事なまでに豊かな国なのである。

そのことに気づきさえすれば、何不自由なく過不足なく生きていけるように仕組まれている。もちろん、人間業ではない。

私たちは、まず、この日本のすばらしさを知り、なにものにも動じない「こころの調和」の位置に立ち、それから利他共生の新時代を切り拓いていくことになる。

28　運を引き寄せる

「人生は、どうあっても運のいい人にはかなわない」

これはある日、神谷成章先生がしみじみともらした名言である。これは実にシンプルにそして見事に原因と結果の法則を言い表している。シンプルにただちに運が好転する法則は「ツイている人とつき合う」ことである。私は何度もこの法則に従い劇的な現実を実現させせてきた。

私は長年、運を引き寄せる法則を探求し、『つきの玉手箱』の自著も出している。本書は現在の日本において最も有望とみられる農業を展望し、農の王道をいく新潮流を紹介してきた。ここで運を上手に好転させる。

なんといっても神谷先生にかかわりを持っていれば、間違いなく運が引き寄せられる。まあ、別に信じてくれなくてもいいが、「運を引き寄せる法則」があることは事実である。そのポイントをいくつか掲げておく。

・ツイている人と交わる（つき合う、かかわる）。
・師を選び、素直に「まねび」尽くし、素直に実践し尽くす。
・農業を始めたら、周囲が困っていること、やってほしいこと、
・多くの人がつくってほしいという野菜を提供し、ほしい情報を提供する。
・既存の「嘆きのセオリー」には従わない。金のかからない農業をやる。
・「過去オール善」と受け止めるクセづけをする。
・必要必然と受け止めるクセづけをして、ベストに向かう。
・自分が思い描く「成功場面」に至るまでは、すべてプロセスである。そういう思いグセと、実践グセを身につける（七転び八起き、あるいは、しなやかさ強かさ）。
・肯定感謝グセをつける。
・感謝系の言葉と、感動詞を発するクセをつける。
・ほめグセをつける。
・陰口を発しない。陰でほめる「陰ほめグセ」を身につける。

29 日本の主食と副菜の自給率

日本のコメの自給率を計算すると「一一五％」となる。意外なようだが事実である。赤ちゃんも高齢者も毎月一人五キログラム食べるということにして計算してみよう。

実際にはそんなことなどあり得ないのだが、主食のコメを毎日、赤ちゃんまでもが一年間食べ続けたとして「人口」×「五kg／月×十二か月」を消費量とし、「全国の収穫量」で除してみると「一一五％」となる（平成二十年の収穫量で計算）。

副菜の野菜は現在でも自給率は八〇％を超えている。しかも、これは市場流通分だけの計算である。そのうえ、ジャガイモ、サツマイモ、サトイモも豊富に出回っている。これらの根菜を主食にすることもできる。根菜は植えてしまえば後は収穫を待つだけでいい。

私たちはいつでも遊ばせている耕作地の「ごく一部」を活用して穀物も野菜も一〇〇％以上を自給することができる。実際、生鮮野菜の売り場に行ってみて、どれほどの外国産があるというのか。外国産とされているものでも、日本人が向こうの耕地で栽培して国内に持ち込む野菜も多いはずだ。

政府が発表する自給率四〇％前後という数字は意図的に操作されたものであるという話が流布している。電通が絡んでいるという。

世界の政治の傾向は、庶民を不安に落とし込んでから民意を操るというきらいがある。世界中で「自給率」なるものを発表しているのは日本ぐらいのものである。

こういうものはシンプル化してとらえておいたほうが余計なことで気落ちしなくてすむ。すると「家畜の食糧（飼料）はどうするの」という声が聞こえてくる。輸入した飼料で育った家畜は、日本人が日本で育てているのに自給率計算上は、外国が供給していることにされている。

計算上は「国産」ではないというのだから詭弁が過ぎる。牛の食べ物は牧草でなければ牛の生体が混乱する。穀物を食べさせられたら、大急ぎで身体を改造して胃袋を一個だけにしないと健康体を保てなくなる。それなのに、アメリカは自分の所のトウモロコシなどの穀物が余っているから、お宅の牛に食べさせろといって押しつけてきたのが、いままでのいきさつなのである。

そのうえで、お宅は自給率なるものを発表しているそうだけれど、その計算の時だけは、牛は外国からの輸入扱いにしておくべきだという。理由は、こちら（アメリカなど）の飼料を食べているからであるなどという冗談がまかり通っているのである。

これ以上、取り上げるほどの内容ではないのでこの辺にしておくが、日本の自給率の計算式のいい加減さは指摘するのもばかばかしいほど、ほほえましいものなのである。

ちなみに、牛と馬は「山に放牧」し、下草を処理させれば、人が下草刈りをする必要がなくなる。豚を「休耕地」に放牧すれば、ミミズを漁り数か月で見事な耕地ができあがる。

これらは既に先駆者たちが実践し、大成功を収めている事実である。

冗談ついでにいえば、「下草処理の牛役制度」とか、「休耕地への豚耕出動法」などは、日本中を笑いの渦に巻き込んで人々に活力を吹き込めるかもしれない。

しかし、案外と大真面目に取り組めば、これ以上に効率のいいやり方はない。牛馬もろくでもないものを食べさせられなくていいから、自然態の体に戻っていくのであるが。

ちなみに、牛や馬の最高の食材は干し草である。干し草は、生の草の毒（硝酸態窒素）を消し去る。干し草のほうを好んで食べるという。

ある人が自分の所で取れた野菜が余ったので、近所の牛に食べさせてもらったところ、みんな死んじゃった、などという話のほうが冗談の質としては高いのかもしれない。もちろん冗談ではなかったようだ（犯人は野菜に残留する硝酸態窒素）。

牛は、穀物を食材にすれば胃袋は一つでこと足りる。それが病気の遠因となっている。人間は牛馬や豚が経験したことのない食生活を強いて虐待している。しかもそのようにして虐待した後、殺して食べているのである。

山林で下草刈り（食べる）をさせれば、いい仕事をしてくれて、国も助かるのだ。もちろんこれは冗談で述べているのではない。

ところで、「世界中で日本ほど豊富な食材がそろい、多彩な料理が提供されている国はない」。

このこと一つとってみても、日本はこれ以上ないというほど恵まれた国なのである。不満や不安を先行させる前に、まずこれらの現実に目を向けて、人類の到達域の「ひな型」を具象してくださっている「大いなる何者か」に感謝することから始めたほうが、運を味方にできるのである。

よりによって日本国の民が、輸入という名のもとに、なんで貧しい国の食糧を横取りしなければならないというのか。むしろ、私たちとしてはコメをどんどんつくって最貧国への支援米にあてるぐらいの国家の品格を保ちたいものである。

実は、本音ではそんなことでは困ると考えている。「困っている人へ物を与えたのだから私はすごいだろ」というような程度の低いことでは困る。

彼らに農業の王道を伝え、そして彼らがやがて、困っている国の人々へ、その農業の王道を伝授する流れをつくっていくのが、私たちの役割なのだろうと私は思っている。

その農業技術、すなわち神谷成章先生の技術が実際にベトナムやカンボジアやオランダなどから広まり始めている。

私たちには、農業技術で世界の貧困を解消させていく役割がある。

30 肉体を持っての最終到達域が「利他共生」

肉体を持って到達できる人類の最高域（到達域）は、「利他共生の精神次元」であり、肉体を手放した時に到達する最高域が「ワンネス」の精神次元である。

この二つの精神次元は「陰と陽」の関係にあり、表裏一体をなすものである。人類の選択肢は二つある。

地球を破裂させる次元と、利他共生の具象次元である。人類が後者を選択しようとする時の指標となる「ひな型」が日本国と、その民の精神文化なのである。

「常に国民を不安にさせておくということ」は、確かに彼ら異邦人流の政治の常套手段なのだが。

私の場合は、地球人類の最高到達域にある日本国とその構成員が、他者（他国）に寄生して張りつく低次元の精神世界に後戻りするようなことは「大いなる存在＝八百万の神々」への裏切り行為だととらえている。

31　食糧危機？　食糧は不足するのか

やがて日本が食糧危機なるものを経験するという人がいる。世界中で長期にわたって太陽光が遮られればそれは深刻なことだが、局地的な災害によるものについては、過去にも国家間で融通しあってきた。

巨大な隕石の衝突や何年も光を遮る巨大噴火があれば別だが、そんなことを論じるほど暇なわけではない。預金封鎖など、人為的・意図的なものでの二次波及はあり得るだろうが、そんなものは短期で収まる。

そんな時こそ「心身の健康を取り戻す絶好のタイミング」である。ユダヤのラマダンを見習えばいい。

断食・半断食、あるいは、一日一食の玄米発酵食を楽しんだらいい。半病人だった人までが急速に健康回帰してしまう。

水がなくなるわけではない。人が健康に生きていくためには、手づくり乳酸菌と百粒ほどの玄米だけでいい。手づくり乳酸菌を生活に取り入れるだけで不調が整い、豊かな生活が始まる。

さて、そもそも一日三食は腸に負担がかかり過ぎるということも知った。

子どもたちには三食でいいにしても、大人は本来一日二食、あるいは一食でいい。人類は飽食、肥満でも健康を保てるという学習をしてこなかった。ゆえに、肥満下で健康を保とうにも生体システムは上手な対応ができない。

そこで腸は「胃と腸を空っぽにする」という「飢餓の時の対応」を望むのだが、脳がこれを邪魔してしまう。

脳（左脳）はこれでもかというほど毎日、生体の健康を脅かし続けている。左脳はマインドコントロールされるためだけに存在しているような錯覚にさえ陥る。

これは犬でも猫でも同じである。ところが左脳は、薬だのサプリだの脂肪吸引だのを指令して生体をおかしくしてしまう。

食糧の不足が生じたならば、既にご存じの「ベランダからの贈り物（野菜）」をいただく」だけでもいい。

32 放射能禍、智慧を絞って生き抜いてきた

私たちは既に、放射能禍での食糧危機を乗り越えてきた。

二〇一一年三月十一日の東日本大震災の後、雪の降る瓦礫の前で、放射能の恐怖にも開き直って生きるしかなかった。

遠くから、逃げろ、逃げろと大騒ぎをする人がたくさんいた。しかし、逃げられるわけがないのだよ。

私自身、雪が降り積む瓦礫の前に立ち、真っ暗な中、続く余震にうろたえながら、生き残るために智慧を全開にして考え、そして生き抜く道を切り拓いてきた。放射能禍でこれは食べてもいいのかと。これ以上の食糧危機はあるのかと。

玄米や、保存してあった根昆布の粉末から乳酸菌を培養して、生き残る道を模索し、福島に通ってきた。福島に行くのはおろか者だという声もあった。

もともと震災前からおろか者な私だが…。でもおろか者のなにが悪いのだろう。起こってしまったことはなにごとであっても創造行為の対象に過ぎない。

手元に少量の玄米が残されていれば、乳酸菌はいくらでも培養できる。すると、牛や馬がそうであるように、乳酸菌だけで健康に生きられる道があることを実践して切り拓いてきた。

放射能に怯えるより、好奇心の対象にしたほうが生きがいにもできる。無害化できるのではないか、有用化すらできるのではないか、というところに楽しみができる。実際現地では手応えを受け取っている技術はあるようだ。悲観して生きるか、楽観して生きるかはいうまでもない。

食糧危機をあおるような話が持ちかけられても、いまや動じることがない。私たちはあの大地震と、大津波と放射能禍ですら生き抜いてきたのだ。私たちは、どんなことがあっても農耕とともに誇り高く生きてきた偉大な先祖たちと同じように、智慧を働かせていまこの時を「感謝」とともに生きている。

この日本は世界の中で、格段に温暖で植物の生育環境に恵まれていることに感謝し、この環境を保全してそのバトンを次世代にしっかりと渡さなければならない。

私たちはなにがあっても、なにものにも動じない。

だまされ上手で、お人好しの与え上手は母親譲りの筋金入りなのである。

33　偽装表示騒動の裏側は？

食品の偽装表示があがっているのだが、まるで騒動を起こすシナリオがあるかのように報道が一斉に全開になる。「誰がその騒ぎを起こすように画策したのかどうか」などといえば胡散臭くみられる。が、騒動はつくられるという面があるのではないか。

あれは小泉さんの政権の時であった。偽装表示やスキャンダル攻勢が仕掛けられて、民族系資本の企業はあらかた異邦人系資本に浸水されてしまった。日本国民が知るべき大事な出来事から視線を逸らそうとする時、一斉報道という形で必ずといっていいほど別な報道が仕掛けられているように映る。

愛の視点で見る。すると、食というものと「ていねい」につき合っているか、食を愚弄しているか、報道の裏（奥にいる異邦人）にある本音は食にあるのか、どこにあるのか。

赤ちゃんの離乳食に「放射線照射のジャガイモ」が使われ、食品添加物や農薬の残留や、マーガリンや遺伝子組み換えの穀物の輸入などは、けっしてやり玉にあがることはない。

見えないところで画策していたはずが、その都度見透かされるようになってきた。時代の新潮流は確実に起こってきている。私たちはどんなことを仕掛けられても動じることがない。

34　休耕地での野菜探しを楽しむ

前項の続きになるが、食べるものがないという前に、休耕地にでも足を運んでみると楽しい。

休耕地には野生化した野菜がたくさん生えている。もちろん山菜も。アカザという植物はなぜ畑に多く自生しているのだろう。それはアカザが江戸時代までは野菜として栽培されていたからである。いまは食べなくなった。忘れてしまった。それだけのことである。

ここでは省略するが、江戸時代までは栽培種だったものはほかにもある。スベリヒユは欧米では野菜としての栽培種である。どこに行っても見かけるが、これは実においしい。

日本でも山形県では野菜売り場に並んでいる地域があるという。太陽光にさらして乾燥野菜として保存されたものは、生野菜以上の活力をもたらす。これは野菜にかぎらず、キノコでも魚でも同じである。

普段は雑草といわれているものが含まれている七草は「七草粥（ななくさがゆ）」として、正月に食べられている。文字どおり七つの草である（せり・なずな・ごぎょう・はこべら・すずな・すずしろ・仏の座）。これらの七草で培養された手づくり酵素・乳酸菌群は私が最も重宝する宝ものである。

ヨモギも重宝する。ヨモギ餅や天ぷらや消毒や血止めのほか、手づくりの百草（もぐさ）をつくるのも楽しいし、手づくりヨモギ乳酸菌の働きはものすごいパワーを持っている。雑草は神からの贈りものである。みんなそのことに気づいていない。

簡単なやり方としては、直径三メートル内の植物をまとめて「手づくり乳酸菌」を培養して飲用にしたり、お風呂に入れたり洗剤にしたりする。単独では毒性のあるものも、そこに一緒に生えているもの全部を「面で採取」すれば有益無害になることが知られている。

同様に桑の葉や、柿・枇杷の葉などもお茶として飲用されているし、乳酸菌や酵素液をつくって活用すれば実に豊かな生活が実現する。クマザサもいい。玄米乳酸菌液と、その液体の中で発酵している「ひとつまみ」の玄米だけでも一日分の健康食として成り立つ。これで健康生活が成り立ってしまう。

山菜についてはみなさんのほうが詳しいと思うので省略させていただく。イタドリなどもおいしい。道端の植物はほとんどが食べられる。天ぷらにしたらおいしい。

なお、健康は太陽光によってもたらされているということを私たちは忘れがちだが、野菜も山菜も、自分たちとしても、すべてが太陽光からの恵みである。雑草類にしても野菜にしても、天日干しにしてから水で戻したり、煎じて飲んだりすることで、健康で豊かな生活が享受できる。

四国の畑の跡地から野生化して自生していたダイコンを採集して、つくったばかりの畝に移植した。大根の移植はうまくいかないということだったが、おかげさまでダイコンからたくさんのことを教わった。百四十本が蘇った。自然のダイコンは白い肌をスカートのように葉で覆ってけっして肌を見せない。

しかも大きい。防御の必要のない皮は非常に薄くて、市販のものとは味もにおいもまったく違う。一か月でも葉がしおれない。おかげさまでダイコンは種を買う必要がない。しかも「自然児ダイコン」として独自のブランドになった。

35 生活費を下げて豊かな生活を

本音をいえば生活費を下げるほど、健康と豊かな生活が実現する。手づくり乳酸菌を活用すれば、石鹸やシャンプー、化成洗剤や消臭剤、車のワックス、庭の土壌改良剤、トイレ洗浄液など、購入するものがほとんどなくなってしまう。買うのは洗濯に使う重曹ぐらいのものになる。

ちなみに、台所洗剤を一〇〇倍に薄めたものがボディシャンプーになるという。コメのとぎ汁で使い切れないほどの乳酸菌液ができる。庭の野草（雑草）から強力な乳酸菌が取れる。

日用品のほとんどは一〇〇円ショップでこと足りる。食材でいえば肉類は買わなくてもすむ。

最も良質なたんぱく質は乳酸菌である。腸内で役割を終えた乳酸菌は、良質のたんぱく質となって私たちの健康に寄与している。

手づくりのコップ一杯の野菜ジュースだけで十年以上過ごされている森さんの体形は、むしろふっくらとしている。これが乳酸菌の力である。

浴槽も床も乳酸菌がきれいにしてくれる。豆乳入りパックに玄米を少し入れるだけでトーグルト（ヨーグルト）ができる。日常の飲料は手づくりゴボウ茶と、手づくり乳酸菌飲料、手づくりジュースになるので身体に害をなすものを買う必要がなくなる。

衣類は既にあり余るほどあるのだから、リフォームが楽しめる。

日常が「消費」から「創造」へと一八〇度生き方が変わる。子どもたちも含めて記憶力がよくなって、他人に優しくなる。

買うものがあまりなくなるので生活費が下がる。健康になって、創意工夫に生きていくことになる。豊かになる。

36 世界中に日本の食文化が広がる

世界に広がる日本の食文化は大きく二つある。

一つは「寿司という名のロー（生）フード」であり、一つは「マクロビオティックという名の和食・発酵食」である。マクロビオティックは味噌、醤油、納豆等、発酵がベースのスローフードでもある。

知人からテルアビブだけで二百軒のすし屋があると聞いたときはビックリした。やがて人類が食糧難を経験するとすれば、「玄米和食」と発酵飲料によって克服されることになるだろう。

一日一食にしてみれば、そのほうがむしろ健康回帰していくことがわかるだろう。そしてその前提に、耕せば大地が「自然態」を取り戻し、本物（有益無害）の野菜が人間などの生きものを「自然態」に戻していく。

私たちには、そういう「農と食の王道」に目覚め、食で世界を平和に導いていく役割がある。そのことを確信している。食は思考を変え、やがて生き方を変える。

37　叡智の民の目が農に向かう

いまや、日本にとって主だった輸出産業は、トヨタなどに代表される車ぐらいのものだというのがおおかたの見方であろう。その車の輸出の好調さだけがいつまでも続くというわけではないだろう。

製造業は製造コストの安い国へ、安い国へと拠点が移っていく。これが歴史的な流れである。

そのように輸出が下火になっていく流れの中で、唯一といっていい有望な職業が浮上してきている。それが「農業」の分野である。

化成肥料がいらない。虫が寄ってこないので農薬もいらない。

土壌への消毒ガス（高価）が不要となる。除草剤も不要である。

草取りがいらない。毒物で健康を害する恐れから解放される。

野菜の成長が早く、収量が上がる。日照りや寒冷に強い。

過度のストレスから解放され、オーナー経営者となる。

時間が自由に組み立てられる。
音楽や芸術活動の時間がとれるようになる。

38 土壌も死の湖も自然態の環境へと蘇生する

湖があり川があり、林があって田んぼや畑がある。湖や川には魚がいてカニやタニシがいる。美しい日本の田園風景である。

メダカやホタルはどこへ消えたのか。いまさらというなかれ。なぜいまさらなのだろう。私たちは、いつでも「いま・ここ」から生態系が豊かな自然の蘇生に味方をすることができる。

この国の、あの美しく清らかな湖や川を蘇生させることができる。

けっして諦めてはいない。確かにダイオキシンの問題がある。しかし、蘇生は楽観と創意から始まる。

何よりも真っ先に、田圃と畑を自然体へと蘇生させることができる。

具体的には昔ながらの、落ち葉や枝やそこに住みつく菌を土壌に戻して炭素を循環させる土壌環境へと回帰させることができる。

もっと早く炭素循環の土壌回帰を実現させるのが、本書で紹介しているカーボンと太陽光によるやり方である。

土を耕さず草刈りをして行う不耕起栽培法もあるが、国民に過不足なく農産物が届けられる収穫量を賄えるわけではない。

草取りの苦行を強いる農法は、プロの供給者向けに勧められるものではない。草は虫の隠れ家となっているということも知っておく必要がある。

田んぼや畑を自然体へと蘇生させ、なおかつ、プロなるがゆえの出荷量を確保し、草取りの苦行から解放され、虫に悩まされない。

猛毒で身体を蝕まれる心配がない。赤字からも脱却できるやり方がある。それが本書で知ってほしいと願っている土壌づくりのやり方である。

さて、湖や川には魚がいて排泄もするのに、水がそれによって汚染されることはない。ところが、幼稚園などに観賞用として置かれた水槽には熱帯魚や金魚が泳いでいて排泄物で水が汚染され、頻繁に水の入れ替えを行わなければ生態系は途絶する。湖は自然態なのに、水槽は不自然態なのである。

畑の場合も同様で、化成肥料・除草剤・農薬で汚染された土壌は「不自然態」で、カーボンと太陽光を利用する土壌は、「自然態」を実現させるのである。

近年、生きものが途絶した死の湖（うみ）や川が増えてきた。

こういう不自然態を蘇生させることはできるのだろうか。金魚が泳ぐ水槽の水を自然態へと蘇生させることができれば、水槽は湖と同じように「永久浄化」され続けることになる。

すると、水槽で永久浄化が立証されれば、同じやり方で「死の湖（川）を蘇生させる」ことができる（厳密には物に寿命があるので永久とはいえないが）。現在、その実験先を探している。

榛名湖にカーボン繊維を沈めたら魚が蘇り始めたという話も参考になっている。

すなわち、死の湖や川は「自然な力」を導入して見事に蘇生させることができる。

ついでにあなたは、熱帯魚の水槽の掃除から解放される。水槽のガラスはいつまでも透明のままである。世界中でどれぐらいの人が、あるいはどれだけの河川が救われるだろうか。

この浄化システムは大阪の発明家・友人の板屋務氏によって発明されたものである。あなたはこの技術をもって新たな事業をなすことができる。

以上のように、死の湖や河川や、土壌を自然態の環境へと蘇生させていくのは、この国の真のオーナーのあなたなのだ、といえる。

39　人口大国にして高齢国家、かつ成熟経済国家の現実

世界に類を見ないのは、日本が一億人を超える人口大国であり、その中で平均寿命が世界一の長寿国家、かつ成熟経済国家であるということである。

人口大国において世界一の長寿社会が出現したことは人類の誇りとすべきことである。日本は後に続く国々のためにさらなる高みを目指して範を示していく役を担っている。

（貧しい国ほど平均寿命が短い。それは、早く死ぬ人が多いということ）

世界中の国家元首が集って「長寿国家祝賀祭」が開催されれば、世界平和の礎となるのではないだろうか。これほどの国なのだから、総理になる人はそれぐらいの粋人であってほしい。

この国の高齢化は、何者かによって用意された「人類調和への必然」なのだといえる。子育てという人生の大事業を成し遂げ、地球の生態系再生に寄与していく方々がこの国に集結させられているのだともいえる。

40 人々の住まいは大都市や田園都市に集約されていく

急激な限界集落の増加は、やがてその地域が動物の生息圏に組み込まれていくことを示唆している。カキやナシや、野生化した野菜等、食べものが豊富な限界集落は動物たちの天国になっていく。そして必然的に森林化が助長される。

辺地の限界集落はじわじわと自治機能を喪失していく。ぽつねんと残される高齢者は生きているかぎり生き続けなければならない。

そのために彼らが求めるサービスは都市部に集中している。そのことから時代の流れは高齢世帯の都市部への移動を促す。

すると、病院が近くなり、買い物が便利でバスも電車も身近になるのである。タクシーだってすぐに呼べる。

要介護ともなれば、否応なく移動せざるを得なくなるのである。

山間地の集落跡を訪ねてみると、立派な舗装道路の道沿いにはコンクリート製の電柱が立ち並び、どこまでも電線が延びている。

こういう所にも電気は通っていて、たった一人残されたような僻地であっても電線が通っている以上は流し続けられている。いかにも効率が悪い。

人家がまばらな地域は、独立型の発電装置にするなどの対策を講じて効率を高める必要がある。

また、森林が原生林化していくかどうかについては、人間がおせっかいを焼くようなことではないと私は思う。朽ちた木は大地を豊かにしてくれる。昔の植林跡は、そこが不自然な植生であれば自然淘汰されていく。

いずれにしろ、森林の面積が広がりつつあるということは、より豊かな保水と酸素の供給が約束されていくことを意味している。日本の山が原生林化したら動物たちが住みにくくなるという話がある。

しかし、動物たちは、人類が山に進出する以前から原生林で生活してきた。だから、野生の動物のことは自然界に任せておくだけでいいのではないか。

人々が都市部に集中して住むという流れは、歓迎すべき時代の流れだと私は思う。人々は寄り添って効率よく生きるべきだと思う。集約化が進めば新たな需要が生まれる。

そうはいっても、長年住み慣れて愛着のある所からは、なかなか離れることはできないだろうな、という思いはあるが。

既に自治機能を失った地域においては、背に腹は代えられないのである。

41 愛しき日々に

国とはなんだろうか、と思うことがある。

海洋上に国家があったという話は聞いたことがない。国土があってこその国である。国土とは端的にいえば「大地」である。

私は、この豊かな国の大地の上に立って、素手で掘り出したばかりのジャガイモを手に、鮮やかな夕日を眺めている。


豊かなこの国には、豊かだからこそ、成熟経済国家だからこそ、土と触れあう「農」が似合うと思う。「農」は、大地は、先祖たちがそうであったように、差し上げ上手な利他の精神を育くんでくれている。

私たちは、悲感の日々を送るために、再び三度(みたび)、この世に戻ってきたのだろうか。

私たちは、この愛しき日々を、自身の良心に従って上手に生きているといえるのだろうか。

豊かなこの国の大地の上に立って、平和なこの国の土を手ですくって、土のにおいを嗅いでいる。こんな豊かな国だからこそ、私たちには「農」とかかわる風景がよく似合うのだと思う。


私は、私たちは、地球上にこのような国土と文化を残しておいてくれた先人たちに心から感謝し、地球人類の平和を祈念するものである。

この誉れ高き国土と文化を、後の世代に継承していく「誇り高き義務」を負っているという光栄なる境遇に、深く、深く感謝している。

あとがき

日本という国はすばらしい国である。

いままでも、いまも、明日だって世界中で一番裕福な国なのだ。

世界を見渡してみれば、私たちが空気のようにあたり前だというようなことが、まったくそうではなく、恵まれ過ぎるほど恵まれていることに気づく。

私たちは、なにもかもが整っているようにさえ見える理想郷に住まわされている。

こんな国などない。こんなにも豊かな国はないといえる。

豊かさとはなんぞや。

国土のほぼ七割を占める森林、四方に広大な海、世界でも三番目に長い海岸線、春には広大な湖に変わる田んぼ、地区ごとにある神域。

電気もガスも水道も、陸海空での輸送網も、そして、通信網も公共施設も整っている。地下鉄に至っては、つくり過ぎでは、と思うぐらい充実している。どんな辺地でも二日あれば宅配物が届く。

あの阪神大震災の時、東日本大震災の時、海外の人々は日本の精神文化の高さを目の当たりにして、その感動を言葉にしてくれた。

感動が人の生き方を変えるのである。彼らは小さな頃から日本のアニメに親しんで育ったはずだ。いまや世界中に日本食が広まり、日常、よく食べられている。

このような豊かな驚きの国を、一度壊したうえでまた創れといわれても到底できるものではないではないか。


人類の営みの中で実に多くの国家が生まれては消えていった。この日本国だけがなぜ、変わることなく続いているのか。少なくとも一万年は続いているのである。

そういう人類のひな型の国だからこそ、昔もいまも豊かさが続いている。

人類のひな型として用意されている愛しいこの国は、千年後であっても持続しているはずである。


が、バトンを引き継いだはずの人たちが、「誇り高き義務」を忘れて、異邦人が用意した飴と鞭に「欲と怯え」を操舵され続けるとなれば、人類にとって取り返しのつかない事態となる。

もちろんそんなことが杞憂であることについて、私たちはよくわかっている。

人は必ず死んでいくのだが、子育てを終えた誇り高き長寿者たちには、地球人類の聖として、まだまだ、これからやらなければならない役割が担わされている。

この愛しい土の上に立って、鍬（くわ）を打ちおろしながら人類のこころを耕し、利他共生の精神宇宙をつくりあげていくのが、この国の聖たちの役割なはずだ。

御歳八十五歳の神谷成章先生の志すところは、地球人類の農と食の新時代の潮流をつくっていくことである。

先生は、五十や六十は洟垂れ（はなたれ）小僧とおっしゃられる。

彼自身、現在の域に到達したのは、つい数年前のことなのである。それは八十歳を前にしてのことなのであった。

したがって、洟垂れ小僧や洟垂れ娘の私たちが、各人の有能さに磨きをかけていくのは、むしろこれからなのだといえるのである。

各人の得意分野を持ち寄って、現実に、本当に世界を変えていくのではないかと私は思っている。私たちは各々、案外とそのことを確信している。そのような気がしている。

差し上げ上手で謙虚で寛容で、協調性が高くてお人好しであってなにが問題だというのか。

人類の到達域に一足早く到達したことのなにが問題だというのか。

そして、それは既に昔からこの国の人たちの特性となっているのである。


ところで最近の動きをみていると、首相の靖国神社詣でを支持する若者は多い。

彼らの神社詣でも著しく増えている。昔もいまも、いざとなれば命をも差し出す国民性は変わっていないようにみえる。


みんな本来の、東洋の微笑みを絶やさない「人類到達域のひな型」の遺伝子を持ちあわせているのだといえる。それがこの国の人々なのである。

そして、その方々がこの国の真のオーナーなのである。


鍬を大地に立てかけて夕日に感謝し、偉大なる何者かへ祈りを捧げている。

そんなあなたが一段と大きく見える。

大下伸悦　拝

大下　伸悦　（おおした　しんえつ）

略歴
ＧＯＰグリーンオーナー倶楽部主宰。
夢をもって楽しく生きる会・幸塾専務理事。
新日本文芸協会顧問。作家名：小滝流水。
伊勢神宮の神代文字奉納文・保存会代表
ＧＯＰでは、日本の農業を救う具体案を実践を通じて提示する。
夢をもって楽しく生きる会・幸塾、ＧＯＰホームページコラムにて最新情報を発信。
１９４９年、岩手県久慈市生まれ。

著書一覧

幸せを引き寄せる食と農	新日本文芸協会オメガ
言霊百神	新日本文芸協会オメガ
新時代の食と農業へのいざない	新日本文芸協会オメガ
冬の農地が凍らない	新日本文芸協会オメガ
親子のかたち	新日本文芸協会
つきの玉手箱	新日本文芸協会
生活費を下げて健康になる	新日本文芸協会

★ＧＯＰグリーンオーナー倶楽部　http://www.gop55.com/
★二十一世紀幸塾　http://www.saiwaijyuku.gr.jp/
★新日本文芸協会　http://www.sn-bungei-kyoukai.com/
★伊勢神宮の神代文字奉納文保存会　http://hounoubun-hozonkai.com/

幸せを引き寄せる食と農
一本のニンジンが人生を変える

発　行・　2014 年 3 月 3 日　初版第一刷
　　　　　2021 年 6 月30日　新版第一刷

著　者・　大下　伸悦

発行者・　峰村　純子

発行所・　株式会社ミネムラ
　　　　　新日本文芸協会オメガ
　　　　　神奈川県相模原市中央区清新 2-3-5-202
　　　　　郵便番号 252-0216
　　　　　電話　042-851-3707

発売元・　星雲社（共同出版社・流通責任出版社）
　　　　　東京都文京区水道 1-3-30
　　　　　電話　03-3868-3275

印刷
製本・　藤原印刷株式会社

ISBN978-4-434-29211-8　C0040

オメガ出版の既刊・DVDのご案内

続 新時代の食と農業へのいざない

冬の農地が凍らない　大下伸悦著

1,650円（本体1,500円+税）

続 新時代の食と農業へのいざない
〜神谷成章の農業技術〜

零下10度で野菜が栽培できる。そして完成！草の生えない土づくり。「路面も水道管の水も凍りつくなか、自分の畑の野菜だけは青々として育ち続けている、そんな畑があるとしたらどうだろうか」
常に進化を続ける農業指導者神谷成章先生の新たな農業技術を伝授します。

新時代の食と農業へのいざない　大下伸悦著

1,650円（本体1,500円+税）

驚きと称賛　世界中に広がりだしている
日本の農業指導者
〜神谷成章の農業技術〜

『幸せを引き寄せる食と農』を読んで、実践されたい方のためのノウハウが載っています。どうぞ、この本を片手に、素晴らしい農園ライフをお楽しみください。

言霊百神　大下伸悦著

880円（本体800円+税）

真・善・美の宇宙
〜みえないピラミッド トーラスのりんご〜

古事記は言霊の書かもしれない。言霊研究家の著者が、長年の研究のもと、古事記と言霊との関係を読み解く。言霊ファン待望の書。

神からの手紙　第1巻～第7巻　たいらつばき著

各1,650円（本体1,500円+税）

「あなたは愛されています。自分を大切にしてくださいね」という神からのメッセージ。人生への応援とヒントが詰まっています。第1巻：第1章日本の在り方、第2章神の期待、第3章悟り、第2巻：第4章体、第5章愛、第3巻：第6章人の生き方、第7章祈り、第8章この世、第4巻：第9章あの世、第10章お金、第11章あの世2、第5巻：第12章 時間、第13章 命、第14章 魂。

神代文字で書かれた
大御食神社社伝記に学ぶ（壱）　伴崎史郎著

1,980円（本体1,800円＋税）

長野県駒ケ根市にある大御食（おおみけ）神社。ここに残されている神代文字で書かれた大御食神社社伝記を読み解きます。古代文字を解読できる古代文字便覧を収載。

宇宙のすべてがあなたの味方　山川亜希子・PICO 著

1,650円（本体1,500円+税）

２０１５年さがみ健康クラブで開催された「山川亜希子さん・PICO さんジョイント講演会」の講演をもとに、亜希子さん、PICO さんからのさらなるステキなメッセージを加えて凝縮させた渾身の一冊。

共鳴する魂のエネルギー　保江邦夫・中健次郎講演会（DVD）

３,３００円（本体３,０００円+税）

２０１５年７月１１日、さがみ健康クラブで開催された保江邦夫さん、中健次郎さんの講演会と対談を収録。お二人の今までのスピリチュアルな経験と、そこから学んだ叡智が語られています。中健次郎さんのお話と気功の実践に加えて、奥様の暢子さんとの華麗な舞も収録しました。2 枚組（合計 2 時間 42 分）。

日本のこころを思い出す（DVD）

３,３００円（本体３,０００円+税）

２０１６年５月さがみ健康クラブで開催された、Ａｉｋａさん、矢作直樹さん、中健次郎さんの講演と対談を収録。Ａｉｋａさんの歌と舞、矢作さんの講演、中さんのお話と気功の講習など盛りだくさんの内容です。2 枚組（合計 3 時間 28 分）。

精霊と共に生きる（DVD）

３,３００円（本体３,０００円+税）

２０１８年６月さがみ健康クラブで開催された山川紘矢さん、山川亜希子さんの講演を収録。いまあなたに最適なメッセージがお二人のエネルギーと共に込められています。2 枚組（合計 2 時間 18 分）。

大鵬神功〜中健次郎　気功講習会（DVD）

４,０７０円（本体3,７００円+税）

２０１４年１２月さがみ健康クラブで行われた中健次郎さんの気功講習会を収録。２枚のディスクに５時間１０分にも及ぶ講習会の様子が余すところなく収録されています。DVDを見ながらご自宅でも気功を始めてみませんか？

中健次郎気功入門オンラインセミナー（DVD）

2,７５０円（本体2,５００円+税）

２０２０年6月に2日間にわたりオンラインで実施された講習会を収録。気功の基本をゆっくりと学べます。２枚組（合計5時間１３分）。

※ＺＯＯＭによる講習会の録画

中健次郎気功入門オンラインセミナー２（DVD）

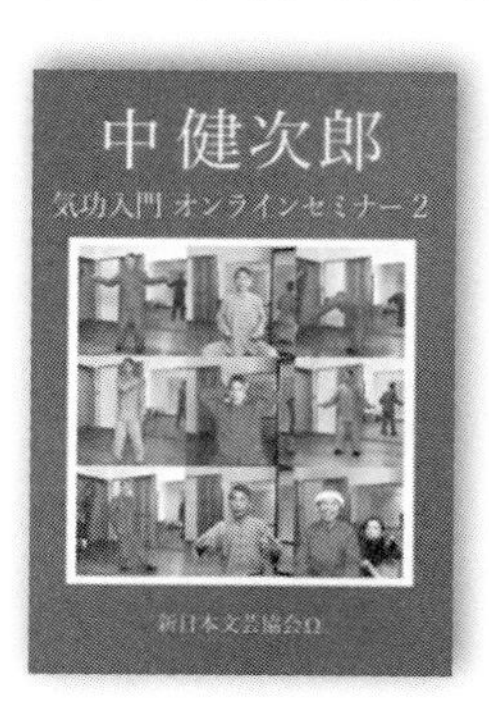

3,３００円（本体3,０００円+税）

２０２０年１２月に2日間にわたりオンラインで実施された講習会を収録。霊元功、擲筋抜骨、朱燕展翅、蒼竜取水など。２枚組（合計５時間１０分）。

※ＺＯＯＭによる講習会の録画

宇宙のすべてがあなたの味方（DVD）

3,300円（本体3,000円+税）

2015年9月6日、さがみ健康クラブで開催された「山川亜希子さん・ぴこさんジョイント講演会」の講演録。シャーリー・マクレーンの『アウト・オン・ア・リム』など多数の翻訳で知られる山川亜希子さんと人気ブロガーぴこさんの夢のジョイント講演を余すところなく収録しました。自分らしく、楽しく幸せに毎日を過ごしたい方必見です。

山川紘矢さん講演 DVD 幸せに生きる in 相模大野

2,035円（本体1,850円＋税）

2014年3月15日、さがみ健康クラブで行われた山川紘矢さんの講演録です。エネルギッシュでパワーあふれる紘矢さんのメッセージは、聞く人の心を根底から揺り動かし、ハートには愛を入れてくれます。あなたも紘矢さんのメッセージに触れ、幸せに生きてみませんか？

ご注文はオメガのネットショップ、ＦＡＸでお申し込みができます。

http://snb-omega.com
FAX：03-6800-3950

新日本文芸協会　オメガ　検索